ESSAI

DE PHYSIQUE

SUR LE

SYSTÊME DU MONDE,

ESSAI
DE PHYSIQUE
SUR LE
SYSTÊME DU MONDE.

DÉDIÉ A MONSEIGNEUR

LE DUC DE LA VRILLIÉRE,

MINISTRE ET SECRÉTAIRE D'ÉTAT, &c.

Par *P. B. DESHAYES*, Docteur en Médecine,
Médecin de la Maison du Roi, en survivance.

Inventio est Ingenii ; indagatio, Physicæ ; ordo, Mathesis.

A PARIS,

Chez F. AMB. DIDOT, aîné, Libraire & Imprimeur, rue
Pavée, près du quai des Augustins, à la Bible d'or.

M. DCC. LXXII.
Avec Approbation, & Privilege du Roi.

A MONSEIGNEUR
LE DUC
DE LA VRILLIERE,
MINISTRE
ET SECRÉTAIRE D'ÉTAT, &c. &c.

MONSEIGNEUR,

*SI j'ai trouvé la vérité, ou plu-
tôt la probabilité, du Systême du
Monde, c'est à la protection dont
vous m'honorez, MONSEIGNEUR,
que cette découverte est due. Pénétré*

vj

de la plus profonde reconnoif-
fance, je cherche des moyens pour
la faire connoître, & je n'en trouve
que dans mes foibles talents ; mais
à leur défaut, agréez MONSEI-
GNEUR, le fentiment qui les anime :
il me feroit tout ofer pour mériter
vos bontés, & pour témoigner à
votre Grandeur l'attachement le
plus inviolable.

Je fuis, avec le refpect le plus
profond,

MONSEIGNEUR,

DE VOTRE GRANDEUR,

Le très humble & très
obéiffant ferviteur,
P. BENJ. DESHAYES.

AVERTISSEMENT.

L'IMPARTIALITÉ, soutenue des connoissances, devroit avoir seule le droit de juger les productions de l'imagination. L'exposition succinte des matieres, leur enchaînement & leur nombre, semblent prévenir ici de ne pas juger cet Essai à la premiere lecture : lorsque la démonstration est impraticable, & que les preuves manquent à la conviction, l'Imagination peut venir au secours, & elle a droit d'exiger des réflexions avant que de se voir condamner. Les Arts & les Sciences auroient fait peu de chemin vers la vérité fans l'invention. L'invention n'eft donc pas toujours à rejetter, fur-tout lorfque des connoiffances certaines ceffent de nous éclairer.

ESSAI

ESSAI
DE PHYSIQUE
SUR LE
SYSTÊME DU MONDE.

INTRODUCTION.

Je travaillois sur la Médecine :
des penfées étrangeres vinrent me
traverfer, & fufpendirent mon application. J'en étois à la diffolu-
tion des corps, lorfque l'imagination me conduifit à la divifibilité
de la matiere, au mouvement,
& de celui-ci, dans le Syftême du

A

Monde. Quoiqu'étonné de l'aberration de mes penſées, je ne voulus point cependant les abandonner, & je pris plaiſir à les ſuivre. Comme je me ſuis autrefois livré à la Phyſique, je crus d'abord devoir mes idées aux Auteurs que j'avois lus dans ce temps-là : je les ai parcourus pour m'en aſſurer ; n'y ayant rien trouvé de reſſemblant, j'en fais part au Public.

Je conçois bien qu'il auroit fallu m'étendre davantage , & rendre raiſon de bien des choſes qui ſemblent fronder des principes reçus; mais il falloit plus de temps que je n'en ai, ou abandonner mon premier objet, qui intéreſſe mon état plus directement. Je me contente aujourd'hui d'expoſer des idées générales, pour faire connoître comment j'ai été conduit à la simplicité du Syſtême du Monde. Par la ſuite, l'eſprit débarraſſé de ces généralités, j'entrerai dans le détail, & donnerai des preuves plus étendues & plus multipliées.

Plan de l'Ouvrage.

Cet Ouvrage eſt diviſé en trois parties. Dans la premiere, l'on imagine la conſtruction du Monde. Dans la ſeconde, on donne des idées générales de Phyſique, pour appuyer celles de la conſtruction, & mener à la troiſieme partie, qui expoſe le Syſtême du Monde, tel que l'on conçoit qu'il peut avoir lieu.

A ij

PREMIERE PARTIE.

Construction du Monde.

Je vois le Soleil, tous les jours, sortir de l'horison, s'élever, descendre & se cacher; l'obscurité succede, & le jour revient. Un composé se détruit, un autre se forme, & un troisieme prend-encore la place du second. Comment cela se fait-il? Pour le découvrir, je décompose le Monde, & je le refais moi-même: j'en reprends les mêmes parties, que je désigne par les propriétés qui les rendent nécessaires à la reconstruction; je les assortis, je les place, & je les anime, de façon qu'elles n'auront besoin d'aucun secours pour se mouvoir & pour se conserver.

I.
Propriétés de l'air.

Je suppose maintenant que Dieu a la complaisance de se prêter à mes desirs; & je vais faire essai de mes idées. Je demande un fluide si grand, si étendu, qu'il

n'y ait que Dieu feul de plus immenfe ;
que fes parties foient élaftiques, pour
qu'en les multipliant, elles puiffent ré-
fifter à la plus grande force, ou foutenir
des poids confidérables ; en même
temps, que ces parties foient d'un poli ,
d'une fineffe & d'une légéreté inexprima-
bles ; qu'elles puiffent gliffer aifément
les unes fur les autres, fans s'arrêter ou
s'accrocher. Pour cette raifon, je les de-
fire de forme plus lenticulaire que fphé-
rique, de maniere qu'une feule, par fa
propre pefanteur, puiffe en mettre plu-
fieurs en mouvement, & celles-ci un
plus grand nombre. Par là elles auront
foiblement befoin d'un premier mobile.

Dieu a donc créé l'air avec toutes les
qualités que je defirois. Je voudrois à préfent une maffe confidérable, qu'on appelle terre ou planete, ronde ou ovale ;
qu'elle foit compofée de telle matiere
que l'on voudra, je la rendrai propre à
former toutes les concrétions imagina-

II.
Saturne &
les autres pla-
netes.

III.
Propriétés intrinseques de la terre & des planetes.

blés. Cependant, comme je ne puis encore m'expliquer à ce sujet, je la demande composée de sables différents liés ensemble, poreuse, afin que l'air puisse y pénétrer, en remplir les vuides, la rendre plus légere, & y faire circuler différents principes ; les uns capables de se rassembler, de s'appliquer, de se coaguler, de se crystallifer, de se consolider ; les autres, de se développer, de se diviser, de pousser au dehors & d'être

IV.
Proportion de l'air qui pénetre la terre & les planetes.

poussés eux-mêmes ; enfin je desire que l'air conserve, au dedans & au dehors de cette masse, à peu près les mêmes proportions que dans mon individu, ou comme l'eau sur le poisson, sans gêner son principe actif.

V.
Comment Saturne est contenu dans l'air.

De la main du Créateur, je prends la plancte de Saturne, & je la jette dans ce fluide immense ; elle y plonge, remonte, & flotte. Les parties de l'air, capables de resserrement & d'élasticité, cedent & se rapprochent d'elles-mêmes ; le volume de Saturne, qui a pris leur place, les comprime ; l'air comprimé pénetre les pores de la planete & l'allege ; repoussé encore sur lui même au dehors, toutes ses parties s'étayent les unes les autres, se prêtent des forces, partagent le poids ou la compression de Saturne ; & la planete, ainsi contenue, est dans son centre.

Dans cet espace inconcevable, où est le haut ? où est le bas ? où sont les côtés ? enfin où est le centre ? Le centre d'un corps quelconque, dans l'air univer-sel (1), est par-tout où pressé également, il ne peut hausser, ni baisser, ou aller d'un côté ni de l'autre. Dans cette immensité d'air, combien de centres ? Il y en a autant qu'il peut contenir de masses conservées dans leur équilibre.

VI.
Ce que c'est qu'un centre.

Saturne, seul dans l'air, en est com-

VII.
Ce que c'est qu'une atmo-sphere.

____

(1) L'on entend par l'air universel celui qui contient l'univers entier.

A iv

primé, & le comprime : l'air n'a pu lui faire place sans se serrer sur lui-même. La planete suspendue est plus pesante qu'un égal volume d'air ; sa pression doit s'y faire sentir jusqu'à ce que les parties de l'air multipliées soient en même raison de résistance. Supposons que Saturne fasse sentir sa pression jusqu'à la distance de cinquante mille lieues de sa surface, chaque point de cette surface sphérique aura des rayons de pression de cinquante mille lieues ; & j'appellerai leur prolongement de tout point l'*atmosphere de Saturne*, au-delà de laquelle l'air universel est libre & sans autre pression que celle de ses propres parties les unes sur les autres. A une distance suffisante de l'atmosphere de Saturne, je placerai Jupiter, & les autres planetes dans le même ordre, en raison de leur volume & de leur pesanteur.

Les planetes ainſi placées dans l'air, à quoi ſerviroient-elles ? & qu'y ferois-je moi-même ſans lumiere & ſans mouvement ? Le poiſſon dans l'eau, quoique preſſé de toutes parts dans un fluide épais & très peſant, ſe porte où il veut, parcequ'il a vie. Les planetes, eu égard à leurs révolutions dans l'air, doivent être plus mobiles malgré leur maſſe, & doivent agir plus aiſément. Elles n'auroient pas cet avantage dans l'eau ; leur peſanteur & leur ſurface prodigieuſes oppoſeroient une réſiſtance preſque invincible : bien plus, elles ne pourroient ſe mouvoir dans l'air, s'il ne les pénétroit, ſi un principe plus actif ne diviſoit cet air lui-même, & ne dégageoit ſes parties les unes des autres, pour leur donner plus de légéreté, plus de mobilité & moins de réſiſtance, & procurer par-là aux planetes le mouvement ou la vie, comme au poiſſon qui vit & agit dans l'eau.

Je suppose actuellement que je suis seul avec Dieu dans l'univers, & qu'il n'y a que de l'air. Je sens que j'existe ; mais je ne vois rien, parceque l'air n'est pas lumineux par lui-même. Je sais seulement que, de tous les corps, c'est le feu qui m'éclairera. Je demande donc au Créateur un globe de feu du diametre de la ville de Paris ; je le prends, & je l'abandonne dans l'air : je l'observe ; il vacille, voltige, diminue de volume, devient à rien, & je ne le vois plus. J'en demande un autre du diametre du Péloponnese : je m'apperçois qu'il se dissipe également ; & bientôt je suis encore une fois dans les ténebres. Comment se fait-il qu'avec la flamme d'une bougie, qui n'est pas plus grosse qu'une goutte d'eau, l'on voie suffisamment pour se conduire ; & qu'avec des globes de feu du diametre d'une grande ville & d'une province, je me trouve tout-à-coup dans l'obscurité ?

Je ſuis fort curieux de connoître la cauſe de ce phénomene.

Je ſupplie la Divinité de m'accorder tant de feu que j'en voudrai : elle en verſe devant moi un torrent, qui ſe répand dans l'air, ſe perd encore & devient in‑viſible. Ce torrent continue de couler ; je commence à m'appercevoir d'un peu de clarté, parcequ'il ſe forme une lueur. La matiere du feu ne ſe perd plus ; elle s'amaſſe ; je ſuis dans le plus grand jour ; le Soleil eſt formé ; j'arrête le tor‑rent.

J'ai obſervé d'abord qu'en verſant ſuc‑ceſſivement dans l'air des maſſes inſuffi‑ſantes de feu, elles ſe diſſipoient, & je ceſſois de voir ; mais qu'en l'inondant de cette même matiere, il s'eſt formé un Soleil, & j'ai été parfaitement éclairé. L'air, obſcur par lui-même, a cepen‑dant beaucoup d'analogie avec la lu‑miere ; il en eſt comme le fourreau ou la gaîne. Ils ne ſe mêlent pourtant pas en

XI.
Analogie de l'air & du So‑leil.

XII.
Opacité de l'air.

femble, comme un fluide aqueux avec un autre fluide de même nature : ils font unis ; mais ils ne font pas confondus. Ils ne fe mêlent pas encore, par exemple, comme le vin rouge avec l'eau ; fi cela étoit, la matiere folaire, répandue dans l'air, nous éclaireroit même pendant la nuit : mais elle s'infinue, coule & propage dans l'interftice des parties de l'air, par les endroits où elles ne fe touchent point exactement ; elle les dilate, & y refte renfermée jufqu'à ce qu'interrompue, arrêtée dans fon cours, ou réfléchie, elle fe dégage, s'amaffe & fe rend fenfible.

XIII.
Caufe qui contient le Soleil, & empê-che la diffipa-tion de fes parties.

Avant la formation du Soleil, l'air univerfel étoit fort denfe par l'application, la pefanteur de fes parties & de fon tout fur lui-même. Quelque fubtiles que foient les particules de l'air, celles de la matiere folaire le font infiniment plus: Cette matiere ne peut propager dans l'air, fans faire collifion & communiquer de fon mouvement : elle eft fi volatile, qu'elle

rend continuellement à fe diffiper : infiniment volatile par elle-même , elle l'eft
encore davantage par la preffion de l'air
qui la fait fuir & qu'elle fuit. Le Soleil,
comprimé dans l'air, cherche à s'échapper;
il lui fournit continuellement de fa matiere, qui le pénetre, & y fait écartement
en le dilatant. L'air dilaté occupe un plus
grand efpace, & eft foulé fur lui-même
excentriquement au Soleil : fes rayons,
s'alongeant dans l'air , lui communi-
quent de leur mouvement ou de leur
force, & en perdent à proportion. L'air,
reculé de plus en plus, eft arrêté par lui-
même, ne trouvant plus à s'étendre par
la réfiftance qu'apportent le refferrement
& la denfité de l'air ambiant, qui comprime & fe rend impénétrable. Les rayons,
choqués, émouffés par les particules d'un
air denfe de plus en plus, s'affoibliffent
& font repouffés infenfiblement, par la
raifon que tout corps en mouvement dans
un fluide, le perd à mefure qu'il avance

& qu'il en communique. Les progrès des rayons du Soleil doivent donc être bornés : si la matiere solaire ne suivoit point cette regle , elle se dissiperoit, se perdroit ; & le Soleil disparoîtroit. Là où les rayons du Soleil sont bornés par leur foiblesse progressive , & par la densité progressivement répulsive de l'air universel ; là , dis-je , est le terme du monde.

Suivant les observations astronomiques , notre monde est composé d'un Soleil & de sept planetes principales. Personne n'a encore observé qu'il y eût, appartenant à notre monde, d'autre planete plus élevée que Saturne, ou plus distante du Soleil ; ou que Saturne fût plus proche d'un autre Soleil que du nôtre. Cet ordre ou arrangement ajoute à la probabilité que les rayons du Soleil ne peuvent s'étendre dans l'air universel que jusqu'à une distance déterminée. Saturne , étant la derniere planete de notre monde , est aussi le point jusqu'où les rayons du Soleil

XIV.
Terme du
Monde.

XV.
Composition
du Monde.

XVI.
Jusqu'où les
rayons du So-
leil peuvent
étendre leur
puissance.

XVII.
Saturne, der-
niere Planete
de notre Mon-
de.

pe***nt faire fentir leur influence, au-
delà duquel ils font dépourvus d'action
fuffifante pour la révolution d'une planete.

Raffemblons maintenant la matiere du
Soleil effufée dans l'air; pofons-le en
maffe entre Saturne & Jupiter, comme
étant les planetes les plus volumineufes,
elles ont befoin de plus de lumiere.
Mais, qu'arrive-t-il? Le Soleil, dont la
matiere eft la plus fine, la plus divifée,
la plus mobile, rejetté par la preffion de
ces deux planetes, cede, fufe, & va fe
placer, fous Mercure, dans un centre
où, également preffé de tous les côtés,
il dilate l'air, fe développe, & étend fes
rayons plus librement.

Puifque le Soleil s'eft placé ainfi de lui-
même, c'eft-à-dire, puifqu'il a befoin,
pour être permanent, d'une preffion égale
de tous les côtés; reprenons les planetes,
& jettons-les toutes à la fois dans l'atmo-

XVIII.
Pourquoi le
Soleil n'eft-il
pas placé plus
proche de Sa-
turne?

XIX.
Différence
du centre du
Monde de ce-
lui d'une Pla-
nete.

sphere solaire (3) à quelque distance du
Soleil. Qu'en arrivera-t-il ? Ecraseront-
elles, étoufferont-elles le Soleil ? Nous
savons qu'un grand poids l'emporte sur un
petit ; qu'un corps pesant se précipite au
fond de l'eau, & que celui qui est léger
surnage : le centre d'un corps est donc son
point d'appui. Une pierre ne tombe de
l'air sur la terre que parcequ'elle ne rencontre rien qui la soutienne : la cause la
plus naturelle de sa descension est donc le
défaut de point d'appui. Mais la terre,
enveloppée d'une atmosphere qui comprime tous les plans de sa surface, en est
le centre, & l'est en même temps de tous
les corps contenus dans cette même atmosphere. Il n'en est pas ainsi du centre
de notre Monde planétaire.

------

(1) L'on entend par atmosphere solaire, l'air
commun aux planetes & au Soleil lui-même, laquelle atmosphere est terminée à l'extrémité des
rayons du Soleil.

Nous

Nous nous rappellons que la matiere du Soleil, qui eft de la plus grande fineffe, a pénétré les interftices de l'air; qu'elle l'a rendu plus léger & plus mobile, en le dilatant. Les planetes font des corps graves; elles doivent donc fuivre les loix de la gravité : pofées aux environs du Soleil, elles n'ont pas plus de tendance vers lui, qu'un bateau fur la riviere n'en a pour l'air. Suppofons cependant, & contré les loix, que Saturne foit porté fur le Soleil. Le Soleil, comme plus léger, fuira devant lui ou fur les côtés, tant que la planete le comprimera. Mais qui eft-ce qui donneroit à Saturne cette impulfion? Eft-ce Dieu? à propos de quoi? Eft-ce l'air? cela ne fe peut. Nous avons démontré que la matiere folaire dilate l'air; qu'il eft pouffé, foulé fur lui-même en oppofition du Soleil, jufqu'à ce que l'air ambiant, trop comprimé, réfifte à l'action des rayons : par conféquent les planetes, jettées toutes à

XX.
Comment les planetes font maintenues dans leur pofition.

XXI.
Le Soleil n'eft point le centre de gravité dans le Monde.

B

la fois auprès du Soleil, s’en éloigneront en raison de leur volume ou de leur pesanteur. Le Soleil n’eſt donc pas le centre de la gravité ; il en eſt au contraire le point le plus éloigné. Il n’y a donc pas à craindre que les planetes tombent ſur le Soleil, ou ſe détruiſent les unes les autres.

XXII.
Le Soleil eſt chaud par lui-même.

Si j’habite une plaine, je ſens de la chaleur dans le jour ; & de la fraicheur, à meſure que le Soleil approche de ſon coucher, & que nous avançons dans la nuit : la préſence du Soleil échauffe donc. Si je ſuis ſur une montagne fort élevée, j’ai froid le jour comme la nuit. Plus j’approche du feu, plus j’ai chaud ; plus je m’éleve dans l’air, plus je ſuis voiſin du Soleil, & moins je reſſens de chaleur : le Soleil n’eſt donc pas chaud par lui-même. Cependant j’éprouve de la chaleur dans une plaine pendant le jour ; encore plus, dans une vallée, ou appuyé contre un mur bien expoſé au Soleil. Si dans cette vallée il se trouve un trou évasé en cône renversé, de six ou sept pieds de profondeur & bien ouvert au Soleil, la chaleur y est à peine supportable : & si j'applique sur les parois de ce trou des plaques de fer ou d'airain en façon de chaudiere conique, ce n'est plus de la chaleur que l'on ressent, c'est un feu brûlant, & qui donneroit la mort. Il est donc indubitable que le Soleil échauffe. Mais comment concilier l'ardeur brûlante du trou revêtu d'airain, avec le froid insoutenable du sommet des plus hautes montagnes ?

La matiere du Soleil, extrêmement divisée & non interrompue dans son cours, se glisse dans l'air sans s'y faire sentir, parcequ'il la réprime : elle y est pour ainsi dire engaînée comme le jus est contenu dans une orange : quand l'orange, mondée de toutes ses peaux, de façon qu'il n'y reste plus qu'une pellicule très fine, est jettée contre un mur ; son jus comprimé

XXIII.
Comment la matiere solaire est contenue dans l'air.

force les cellules, mouille , pénetre le mur , & rejaillit en partie , plus ou moins , felon les degrés de force , de direction ou d'obliquité de l'impulfion.

XXIV.
Façon dont la matiere folaire fe réfléchit.

L'eau qui tombe de haut fe divife pour paffer librement dans l'air ; mais elle rejaillit fur un toit ou fur la terre. La matiere du Soleil , divifée par l'oppofition & l'interpofition des parties de l'air , mais continue à elle-même dans fon cours , arrêtée par un corps ou par un plan , pénetre ce corps , & en eft repouffée en partie. Plus le plan a les pores ouverts , plus il s'abforbe de matiere folaire , & moins il s'en réfléchit. Les rayons du Soleil , interrompus ou arrêtés , forcent leurs cellules & s'en débarraffent : repouffés fur eux-mêmes , ils dilatent ou écartent l'air , fe rapprochent davantage , & fe font fentir : ils fe feront fentir d'autant plus , qu'ils feront plus dégagés de parties intermédiaires , & qu'ils feront plus réunis. Les rayons réfléchis fur eux-mêmes dans la plaine, procurent une chaleur douce : raſſemblés dans le milieu de l'enfoncement de la vallée, comme dans un foyer, ils ſont d'une ardeur nuiſible, qui ſeroit brûlante & mortelle dans le même trou revêtu de fer ou d'airain ; par la raiſon qu'abſorbés en plus petite quantité, il s'en réfléchira davantage. L'on doit donc éprouver le plus grand froid ſur les hautes montagnes, par la raiſon contraire que les rayons du Soleil y ſont réfléchis divergeants. Les rayons réfléchis ou réunis ſont donc chauds & pénétrants; pénétrants à un tel point, que raſſemblés au moyen d'un verre lenticulaire, ils diviſent, volatiliſent le plus dur des métaux; & chauds à un tel degré, qu'ils embraſent à une diſtance fort éloignée. Il faut donc conclure encore que l'air eſt le *températeur* de la matiere ſolaire, & qu'il eſt froid par lui-même.

XXV.
L'air eſt froid
par lui-même.

B iij

XXVI.
Effets de la
denfité & de
la raréfaction
de l'air.

Je confidere de près une bougie allumée dans l'obfcurité; j'obferve que fa flamme fe diffipe & fe perd dans l'air. Je m'en éloigne : forti de fon atmofphere, je la vois radieufe comme une étoile ; elle lance autour d'elle fa matiere ignée, pour pénétrer dans l'air, & furmonter fa preffion, ainfi que le Soleil. Je prends une languette de bois, large de deux pouces, & longue de dix-huit ; je la perce exactement dans le milieu de fa longueur, pour y admettre un pivot : fur les deux extrémités de cette languette, je place une bougie allumée, vis-à-vis d'une plaque de réverbere adaptée en face. Dans l'inftant la languette de bois tourne fur fon pivot, & emporte avec elle les bougies & les deux réverberes. La flamme de la bougie raréfie l'air qui l'environne; fes rayons, réfléchis par le réverbere, ajoutent encore à la raréfaction : l'air, derriere la plaque, plus denfe & plus élaf-

tique, la pousse en même temps & à proportion que l'air antérieur est plus raréfié.

Je me suppose dans ce moment-ci la
toute-puissance de Dieu, & je dis : Que
le Monde soit créé. A l'instant, *fig.* 1
pl. 1, le Soleil S lance ses rayons : ils
fusent dans l'air A A, le remplissent,
pénetrent les pores de la terre T, *fig.* 2,
la rendent plus légere & plus mobile :
une partie des rayons B B est réfléchie par
la surface de la terre; ces rayons, repoussés
sur eux-mêmes, augmentent l'action
de la matiere solaire, & dilatent davantage l'air de la région météotique terrestre C C (1). L'air antisolaire D D (2),
plus dense, plus élastique, ne pouvant
jetter la terre sur le Soleil, à cause de la
résistance qu'apporte sa pression ou sa pe-

XXVII.
Cause du mouvement diurne de la Terre.

____

(1) L'on entend par région météorique terrestre, l'espace d'air entre les nuées & la surface
de la terre.

(2) L'air derriere la terre, ou opposé au Soleil.

B iv

santeur , l'ébranle & la fait vaciller horifontalement au Soleil : ces mouvements
de vacillation augmentant de plus en
plus , ils furmontent fon équilibre , & la
font pirouetter d'Occident E en Orient
F , c'eft-à-dire , de la droite à la gauche.

XXVIII.
Caufe du
mouvement
de la terre au-
tour du So-
leil.

A l'inftant où la terre a commencé
à être déterminée vers l'Orient , elle
y a reftitué une partie de la matiere folaire qu'elle avoit abforbée dans le jour :
l'éruption de cette matiere raréfie l'air
oriental F. L'air antifolaire & occidental faifant pirouetter la terre fur elle-
même , la pouffe en même temps dans
l'air dilaté de l'Orient : de forte que les
mouvements diurne & circulaire s'exé-
cutent en même temps fans interruption
& fans fe contrarier , comme un globe de
bois léger , pofé dans le courant d'une riviere , eft emporté ou pouffé en pirouettant.

La terre ainfi déterminée d'Occident en Orient , dans fa plus grande

& derniere vibration, a établi dans le moment son point de *pirouettation* sur le pole antarctique G, son équateur H étant alors horisontal au centre du Soleil. La matiere solaire, qui s'exhale de la terre dans le jour & pendant une partie de la nuit, repoussée par l'air antarctique G, qui est plus serré par la pression de la terre, monte vers le tropique (1) du Capricorne terrestre I, & vers les régions arctiques L, en dilate l'air qui y répond ; de façon que l'air antarctique occidental & antisolaire éleve la terre dans l'air arctique L déja disposé, en même temps qu'ils la font pirouetter & aller orbitairement. Par ce mouvement d'ascension, la terre, dans l'espace du premier quart de son cercle, montera de l'équateur H au Capricorne céleste I, fig. 3, c'est-à-dire que sa ligne équinoxiale H répondra à ce

XXIX.
Cause de l'ascension de la terre dans le Zodiaque.

XXX.
Cause du solstice d'hiver.

(1) On suppose ici le tropique du Capricorne marqué sur la terre.

tropique I : nous nous trouverons alors au ſolſtice d'hiver.

XXXI.
Cauſe de la deſcenſion de la terre dans le Zodiaque.

Le Soleil qui a jetté ſes rayons directs depuis l'équateur de la terre H , juſqu'à ſon tropique du Cancer M (1) , l'a pénétrée & remplie de ſa matiere dans ces régions ; l'exploſion commençant à s'en faire dans ces climats , l'air qui y répond en eſt dilaté : la terre , en montant de l'équateur du Soleil H , juſqu'au tropique du Capricorne céleſte I , fig. 3 , a diſſipé preſque toute la matiere ſolaire de ſa partie ſeptentrionale , à meſure qu'elle s'eſt éloignée de l'équateur ſolaire H ; & la denſité de l'air a concentré le reſte dans l'intérieur. Les rayons obliques qu'elle

XXXII.
Cauſe de l'équinoxe du printemps.

reçoit alors dans cette partie , ſe réfléchiſſant divergeants , dilatent foiblement l'air des zones tempérées & glaciales du Nord. Alors l'air arctique L , fig. 3 ,

____

(1) On ſuppoſe encore ici le tropique du Cancer marqué ſur la terre.

comprime la terre, & la fait descendre dans l'air antarctique G dilaté. A la fin de son second quart de cercle, fig. 4, elle se trouve dans sa troisieme quadrature N, ou équinoxe du printemps.

La terre, fig. 4, plus échauffée dans sa partie méridionale G, & plus comprimée dans sa partie septentrionale L, continue de descendre jusqu'au point que son équateur H, fig. 5, réponde au tropique du Cancer céleste M : alors nous sommes au solstice d'été. La partie méridionale de la terre, G, fig. 5, ne recevant plus de rayons directs du Soleil, & ayant rejetté la matiere solaire qu'elle contenoit, est comprimée par l'air antarctique G, qui s'est densifié : il foule maintenant la matiere solaire dans le Nord de la terre L, & la ramene à sa premiere quadrature O, fig. 2, ou équinoxe d'automne.

XXXIII. Cause du solstice d'été.

XXXIV. Cause de l'équinoxe d'automne.

Nous avons dit que la terre dans son centre est pressée de tout côté par l'air qui l'environne ; qu'elle le pousse, & qu'il

XXXV. De la Lune, & des satellites des planetes.

se roidit contre elle : cette réſiſtance de l'air & l'impulſion de la terre ſe font ſentir juſqu'à certaine diſtance de ſa ſurface ; & nous avons appellé *terme de l'atmoſphere d'une planete* , le point où la réſiſtance de l'air & la preſſion de la planete ſont devenus inſenſibles. Immédiatement au-deſſous de ce point d'inſenſibilité , je place la Lune , & elle plonge dans l'atmoſphere ; mais , comme de beaucoup inférieure à la terre en maſſe & en peſanteur , elle revient ſe placer vers le haut de l'atmoſphere , comme un morceau de bois jetté dans la riviere , s'y enfonce d'abord , & ſe releve pour ſe ſoutenir , & ne plus former qu'un enfoncement proportionné à ſon volume , à ſa peſanteur & à la preſſion de l'eau. La Lune , qui ſurnage ainſi , fait les mêmes impreſſions qu'un bateau ſur un fleuve. Le point central du bateau eſt bien le lit de la riviere ; mais tout ſon poids n'eſt pas appuyé ſur ce point : il pouſſe également ſur ſes

XXXVI.
De la poſition de la Lune , relativement à la terre.

XXXVII.
Ce qui ſemble détruire l'opinion de ceux qui attribuent à la Lune la cauſe du flux & reflux de la mer.

côtés l'eau vers les bords de la riviere, & en eſt ſoutenu en partie. Ce méchaniſme de la preſſion de la Lune ſembleroit détruire le ſyſtème de ceux qui prétendent que la Lune eſt la cauſe du flux & reflux de la mer.

La Lune, enfoncée dans l'atmoſphere, en fait partie, puiſqu'elle ſupplée au volume d'air dont elle a pris la place. Enchaînée, en quelque façon à la terre par ſa preſſion, elle doit la ſuivre néceſſairement dans ſon mouvement orbitaire, comme le bateau ſuit un courant ; & frappée des rayons du Soleil, elle doit ſubir un mouvement circulaire & de rotation diurne : ne pouvant ſortir de l'atmoſphere, elle doit exécuter autour de la terre ce mouvement circulaire : mais pour être utile par le reflet de ſa clarté, elle ne doit pas décrire un cercle parallele à l'équateur.

Je ſuppoſe que l'équateur & les deux tropiques ſoient marqués ſur la ſurface de

XXXVIII.
Cauſe qui contraint la Lune à ſuivre la terre.

XXXIX.
Mouvement de la Lune dans l'atmoſphere de la terre.

XL.
Poſition de la Lune, relativement au Soleil.

la terre ; il faut donc que la Lune , dans
son mouvement circulaire en face du Soleil , coupe la terre obliquement pour ré-
pondre à ces deux tropiques ; autrement
elle seroit inutile pendant la moitié de sa
révolution, puisqu'elle seroit couverte de
l'ombre de la terre ; bien plus , elle seroit privée de mouvement par le défaut
de rayons du Soleil. Ainsi sont suspendus
& font leurs révolutions les satellites des
autres planetes. Quant à la multiplicité
des satellites de Saturne & de Jupiter ,
en les supposant de différent volume & de
différente pesanteur , ils se trouveront
placés à des distances inégales de la surface de leurs planetes : par là ils ne pour-
ront se nuire dans l'exécution de leurs
mouvements.

XLI.
Application
de la position
& des révolu-
tions de la
Lune aux sa-
tellites des au-
tres planetes.

Nous avons dit que les rayons du Soleil sont émoussés & renvoyés insensiblement dans le cours de leur alongement,
& à leur extrémité. La matiere solaire,
répercutée progressivement , & au terme

XLII.
Météores so-
laires.   Co-
metes.

du monde planétaire, par la denſité de l'air universel, s'amaſſe ſouvent & forme des météores (1), comme des globes, des traînées de feu, &c. Si ces météores ſont peu chargés de matiere ſolaire, ils ſe diviſent & diſparoiſſent bientôt. Si, au contraire, ce ſont des maſſes conſidérables, elles parcourent de grands eſpaces dans l'atmoſphere ſolaire, où elles ſont vues de loin & long-temps, & d'autant plus que l'air en eſt plus denſe, & que celui de l'atmoſphere de chaque planete eſt plus ſerré, plus comprimé, & plus impénétrable à la circonférence. Comme une goutte d'eau, avant que de ſe diviſer, s'alonge ou s'étend dans l'air; ainſi font ces maſſes de matiere ſolaire, & voilà une comete. Ces feux, trop

---

(1) L'on appelle météores ſolaires ceux qui ſe forment à l'extrémité du monde, ou des rayons du Soleil. L'on nomme région météorique ſolaire cette même extrémité.

XLIII.
Ce que deviennent les cometes. volumineux pour être diſſous ou diſſipés dans leur cours ou aberration, ſe précipitent dans le Soleil par une tendance naturelle, ou analogie, comme les fleuves dans la mer, après en être ſortis en détail.

SECONDE

SECONDE PARTIE.

Idées générales de Physique.

L'air par lui-même est opaque, froid, ou tend à se fixer : il seroit insoutenable sans la matiere solaire, & celle-ci sans lui. Ses propriétés sont de se dilater, de se resserrer, de comprimer, & de servir de véhicule. Il est dans les végétaux, ce qu'il est dans le poumon de tout animal vivant; il les dilate, les allonge intérieurement, pour leur donner l'accroissement; il les comprime & les désseche extérieurement pour les former & les fixer.

L'air est d'autant plus raréfié, qu'il est plus proche de la terre; & d'autant plus dense, qu'il s'en éloigne davantage : aussi les corps légers, qui s'élevent par la pression de la terre, & l'émanation de la matiere solaire, s'arrêtent au point où ils ne peuvent surmonter la densité de l'air supérieur. Cette densité est démontrée

I.
De l'air.

II.
Ce qu'est l'air relativement aux végétaux.

III.
L'air est d'autant plus raréfié, qu'il est plus prochede la terre.

C

par le froid que l'on éprouve sur les hautes montagnes, où l'air qui n'est point animé fait sentir toute sa fraîcheur par son application, en tempérant, réprimant & éteignant l'action de nos liqueurs par la trop grandre tranquillité de ses parties, & par la raison qu'un corps animé, dans un fluide tranquille, doit perdre de son mouvement.

IV.
Expérience tirée de la Physique expérimentale de M. l'Abbé Nollet, onzieme leçon, page 342, t. III.

Pour prouver encore que l'air est moins raréfié, à mesure qu'il s'éloigne de la surface de la terre; » il faut faire choix de » quelque lieu élevé & accessible, » comme d'une tour, d'un clocher, ou » de quelqu'autre édifice, dont on » puisse aisément mesurer la hauteur » perpendiculaire, & se munir de deux » barometres bien semblables, c'est-à-» dire, que dans le même lieu, le mer-» cure soit toujours dans l'un & dans » l'autre à des hauteurs pareilles. On » laisse un de ces instruments au pied de » la tour, avec un Observateur qui exa-

» mine attentivement s'il n'arrive point
» de variation à la hauteur du mercure,
» pendant qu'on porte l'autre en haut.

Effets.

» 1°. A mesure qu'on s'éleve avec le
» barometre, le mercure s'abbaisse dans
» le tube.

» 2°. Si, lorsque le mercure est abais-
» sé d'une ligne, on mesure la hauteur
» de l'endroit où l'on fait cette station,
» on trouve qu'elle est d'environ douze
» toises.

» 3°. Si l'édifice, ou la nature du lieu
» permet qu'on s'éleve davantage à des
» hauteurs connues ou mesurables, on
» trouve que les stations suivantes, qui
» se font chaque fois qu'on observe une
» ligne d'abaissement au mercure, sont
» toujours à peu près de douze toises les
» unes au-dessus des autres.

» 4°. On remarque que les hauteurs
» perpendiculaires de toutes ces stations,

» dont chacune répond à une ligne d'a-
» baiffement du mercure, font d'autant
» plus petites », qu'on s'éloigne davantage de la furface de la terre.

La matiere folaire raréfie tous les fluides, d'autant plus qu'elle y pénetre plus
abondamment : plus abondante proche
de la terre à caufe de la réflexion des
rayons du Soleil, elle y dilate davantage
le mercure ; & , par cette raifon, il doit
occuper un plus grand efpace, ou hauffer
dans le tube. Les rayons réfléchis s'écar-
tant à proportion qu'ils s'éloignent ; & la
matiere folaire étant alors moins réunie,
ils doivent auffi agir plus foiblement fur
le mercure. Les fluides ne doivent donc
pas pefer, en raifon de leur hauteur perpendiculaire à l'horizon ; mais en raifon
de la quantité & de la denfité de leurs
parties. D'ailleurs, la préffion réciproque
& oppofée de la terre & de l'atmofphere
rendra toujours fort équivoques les diffé-
rentes façons de mefurer la hauteur & la

V.
Les fluides
ne pefent
point en rai-
fon de leur
hauteur per-
pendiculaire
à l'horizon.

pesanteur de l'atmosphere : c'est ce que nous démontrerons plus amplement.

L'atmosphere ne comprime pas la terre comme une pierre une autre pierre : l'air extérieur fait continuité avec celui que la terre contient intérieurement : la matiere solaire qui en sort, & les rayons du Soleil réfléchis, en dilatant l'air jusqu'à certaine distance, ménagent, préparent & adoucissent la pression immédiate : l'air ainsi dilaté sert, pour ainsi dire, de duvet, pour appuyer la terre avec plus de souplesse, aider à la liberté de ses mouvements, à la végétation, à l'action de tous les corps en particulier, enfin à tout ce qui a vie.

Sans chercher vainement la forme des parties de la matiere solaire, ou si elles sont encore susceptibles de division & de sous-division, nous dirons seulement qu'elles sont divisées & affinées autant qu'elles peuvent l'être, & tellement, que nous ne pouvons rien concevoir de

VI.
Façon dont l'air comprime la terre.

VII.
De la matiere solaire.

C iij

VIII.
Action de
la matiere fo-
laire en géné-
ral.

plus subtil & de plus mobile ; qu'elle seule est impénétrable, & qu'elle pénetre tout dans le monde, à l'extrémité duquel la densité de l'air lui oppose une barriere, qui termine, repousse, & concentre son action, sur elle-même, sur ce qu'elle contient, & dans ce qu'elle pénetre. Cette contradiction fait sa plus grande force, en la rendant supérieure à toutes les révolutions qu'elle opere ou qu'elle occasionne.

IX.
Premier mo-
bile du mon-
de.

Pouvons-nous voir une masse aussi prodigieuse de matiere solaire au centre du monde, comprimée sans cesse de toute part, qui fait effort sans cesse de tous cotés & en tous sens, inépuisable par l'impossibilité de dissipation de ses parties, & par son reflux continuel dans sa masse générale ; pouvons nous, dis-je, voir le Soleil, sans y reconnoître le premier mobile du monde, & sans concevoir que l'action réciproque & nécessaire de l'air & du Soleil ne réclame aucun secours pour la conservation de leur mouvement ?

Tant que le Soleil sera au centre du monde, l'air le comprimera, & la matiere solaire s'échappera comme un fluide renfermé & serré ; ainsi cette action réciproque ne peut jamais s'altérer, ni cesser d'être. Si l'on vouloit détruire cette action, comment s'y prendroit-on ? Dieu le pourroit-il sans anéantir ces deux corps à la fois, ou l'un des deux ? S'il anéantit le Soleil, à quoi l'air est-il propre ? S'il anéantit l'air, essayons de concevoir ce que deviendra le Soleil. Dieu même ne pourroit donc pas, sans miracle, empêcher cette action, principe de tous les mouvemens du monde. Son ouvrage d'ailleurs seroit imparfait, s'il falloit qu'il y mît la main à tout instant ; & le méchanisme d'une montre sembleroit présenter à nos yeux plus de perfections. Ce premier mobile du monde est donc le chef-d'œuvre de la création.

Le Soleil est au monde ce que le cœur paru être à tout animal vivant : c'est de

X.
Le premier mobile ne peut être détruit.

XI.
Tous les corps renferment un principe actif.

C iv

lui que part le mouvement, & c'est vers lui qu'il retourne. L'on ne peut s'empêcher d'admettre un mouvement intestin dans tous les corps, sans lequel ils n'ont pu se former, sans lequel ils ne peuvent se conserver, & par lequel ils sont tous détruits, pour reparoître ensuite sous de nouvelles formes. Ce mouvement intestin, principe formateur de tous les composés, fait, des entrailles de la terre, un laboratoire admirable.

XII.
Action de la matiere solaire dans les entrailles de la terre.

La matiere solaire, insinuée par les pores de la terre, la pénetre jusques dans ses plus profonds abîmes : elle ne peut le faire, qu'elle n'en dilate l'air ; celui-ci ne peut se dilater, qu'il ne détache, dérange, pousse les corpuscules mobiles de toute espece, pour, dans son chemin, les rassembler, les joindre & les appliquer à des corps immobiles. Insensiblement ces corpuscules se bouchent des passages, qui bientôt sont interdits à l'humidité, & ne sont plus perméables qu'à

l'air, qui, actionné par la matiere solaire, emporte les parties aqueuses les
plus volatiles. Les parties terreuses, mê-
lées avec les particules de l'eau, s'incor-
porent, font une fange, un gluten, qui
se durcit, forme un solide qui devient
progressivement impénétrable à l'air
même, & qui n'éprouve plus intérieurement que l'action de la matiere solaire,
qui l'affine au point de s'y incorporer elle-
même, de s'y multiplier, de sécher,
d'enflammer, de détruire le composé,
& de le faire régénérer de ses cendres, à
l'aide d'un nouvel humide qui se dissipe
encore en partie, & laisse la matiere solaire constituer des masses inflammables,
après avoir formé & détruit des sels, des
crystaux, des pierres, des métaux, &c.

Ces matieres combustibles enflammées
& réduites en cendre laissent des vuides
intérieurement ; ces vuides deviennent
des récipients de matiere solaire, où se
rassemblent les causes des tremblements

XIII.
Principe des
tremblements
de terre & des
volcans.

de terre, & où se forgent les volcans.
La matiere solaire s'insinuant dans la terre
de plus en plus, y concentre l'air : l'air
concentré & devenu plus dense, résiste
& repousse la matiere solaire : forcée de
revenir sur elle-même, elle favorise la
XIV.
*Principe de
végétation.*
végétation par le moyen d'un autre air
qu'elle rencontre, & qu'elle anime ; cet
air fait monter les sucs dans les plantes,
les conserve en les nourrissant ; & quand
leurs fibres sont affermies à ne pouvoir
plus se prêter à la matiere solaire pour l'al-
longement des parties, la plante est dans
sa perfection : la matiere solaire conti-
nuant son action, ne peut plus que la détruire.

XV.
Le feu.
Il s'ensuivroit de là que le feu n'est autre chose que la matiere solaire combinée
avec les corps appellés combustibles, &
grossie par le mélange des parties terreuses & humides. Un corps est d'autant plus
inflammable, qu'il contient moins de
terre & d'eau. Plus le feu est dégagé de

parties grossieres ou étrangeres , plus il a
de légéreté & de finesse , plus il approche
de la nature du tonnere , de la matiere
électrique , phlogistique ou solaire. Le
feu , sorti de son composé , fait dans l'air
le même effet , que la matiere solaire réfléchie , ou rassemblée : il échauffe , divise , se divise , se dissipe & devient in-
visible , sans changer de nature , ni se
perdre : il est , comme elle , contenu
dans l'air , ainsi que dans un étui , où il
dépose ses parties grossieres , qui retom-
bent d'elles mêmes sur la terre , ou sont
précipitées par les vents & les pluies. L'eau
n'éteint le feu qu'en le comprimant : il
s'échappe en fumée , ou chargé de particules aqueuses & terreuses les plus lége-
res : il ne s'éleve dans l'air , que parcequ'il en est aussi comprimé , divisé & ab-
sorbé. Si le Soleil ne fournissoit point
continuellement la quantité suffisante de
matiere solaire , la flamme des bougies ,
des flambeaux , ou tout autre feu , seroit

XVI.
Ce que de-
vient le feu
dans l'air.

XVII.
Comment
l'eau éteint le
feu.

XVIII.
Pourquoi le
feu s'éleve
dans l'air.
XIX.
Ce qui con-
serve la flam-
me des ma-
tieres enflam-
mées.

emportée sur-le-champ. Mais la combinai-
son de l'air & de la matiere solaire conserve ces feux, & s'oppofant à leur trop
prompte diffipation, les rend fenfibles
par leur contact & leur continuité réci-
proques.

X X.
Caufe du
flux & reflux
de la mer.

Le feu fait bouillir l'eau, c'eft-à-dire,
que, par degrés, l'eau friffonne, devient ondulante à fa furface, & cherche
à s'étendre ; mais, arrêtée par des bornes,
elle s'éleve & furmonte les bords du vafe
dans lequel elle eft contenue. Les effets
de la chaleur ou du feu fur l'eau, font
donc de la dilater, comme la fraîcheur
ou diminution de mouvement dans fes
parties, les rapproche ou occafionne leur
refferrement.

Je regarde le Soleil lancer fes rayons
fur la furface des eaux, depuis un tropique jufqu'à l'autre : la matiere folaire,
différemment du feu fous un pot ou fous
l'éolipile, les pénetre par leur fuperficie,
fait écartement à mefure qu'elle s'y intro-

duit ; & foule les eaux vers les poles &
en tous fens. Ce grand phénomene, que
ne pourroit produire toute la force imagi-
nable, peut être l'effet de la matiere folaire, qui attaque les eaux partie par
partie.

La trompe de mer ou colomne d'eau
qui s'éleve affez fouvent fur les mers
Auftrales, femble confirmer mes idées
fur le flux & le reflux. L'eau, trop lente à
fe mettre en action, réfifte quelquefois,
par fa maffe & fa pefanteur, ou par les iné-
galités du fond, à l'impétuofité trop fubite des rayons, comme une porte, quelque légérement fufpendue qu'elle foit fur
fes gonds, eft plutôt percée que pouffée
par un boulet de canon ; ou comme la
matiere folaire amaffée dans les antres de
la terre, trop abondante & génée pour
fe diffiper infenfiblement par infiltration
& évaporation, fait éruption fubite, détache, fouleve & emporte tout ce qui
s'oppofe à fon échappement. Cette même
matiere, plus active & plus prompte dans

XXI.
Trombe ou trompe de mer.

la Zone torride, renfermée & contrainte
par les eaux, est renvoyée en même temps
par le fond de la mer qu'elle ne peut pénétrer assez promptement, & dans laquelle par cette raison, elle forme des
tourbillons : la surface opposant moins de
résistance, elle y éleve alors ces colomnes
torses merveilleuses & effrayantes, qui
atteignent les nuées & s'y confondent,
les étendent, les grossissent & accéle-
rent leur chûte en masse : ce que l'on
pourroit appeller volcan de mer, puisque
le principe est le même que celui des volcans de terre.

Ces colomnes ou brouillards pirami-
daux, plus sensibles d'abord par leur
jonction avec la premiere nuée qui se
présente, ont fait imaginer que le nuage
s'abaisse pour pomper l'eau : mais la matiere solaire, principe de l'évaporation,
étant dégagée de la mer, alors la base ou
principe de la colomne va se réunir à la
nuée.

La matiere des rayons du Soleil réflé-

XXII.
& suiv.
Le tonnere.

chic, & celle qui est restituée par la terre, s'élevent dans la région météorique, jusqu'au point qu'arrêtées par la densité de l'air elles fluent vers le pole ascendant (1): mais si elles sont traversées dans leur cours, elles refluent sur elles-mêmes & s'amassent; alors elles raréfient l'air qui les contient, & le rendent trop léger: nous nous en appercevons à son insuffisance pour comprimer le sang des arteres dans les veines du poumon; il nous fait éprouver un sentiment de chaleur, d'étouffement, de lassitude, de foiblesse, &c. L'air, ainsi dilaté, recule, éloigne celui qui n'éprouve point la même dilatation: celui-ci, plus dense & plus élastique, résiste, forme des ondulations ou des vents; ceux-ci dispersent ou rassemblent les nuées: la matiere so-

XXIII.
Raison de l'étouffement que nous éprouvons aux approches des orages.

XXIV.
Cause des vents,

XXV.
Cause des éclairs.

____

(1) L'on appelle pole supérieur ou ascendant celui vers lequel la matiere solaire est déterminée: pole inférieur ou descendant, celui sur lequel la terre pirouette.

laire , trop contrainte , s'échappe en éclairs ; les nuées la reſſerrant encore davantage , & réfléchiſſant elles-mêmes ſupérieurement les rayons du Soleil , elles ajoutent à la collection. Si , dans cette circonſtance , un nuage laiſſe paſſer un rayon ; celui , ſur qui il tombe , reçoit ce qu'on appelle un *coup de Soleil.* Enfin la matiere ſolaire , gênée , ſerrée de plus en plus , fait exploſion , qui eſt d'autant plus violente , que la compreſſion eſt plus puiſſante : alors , ne pouvant ſe développer entiérement en éclairs, & reſſerrée fortement ſur elle-même , en forçant un ou pluſieurs points de ſa contraction , elle forme la matiere de la foudre qui ſe détermine vers la ſurface de la terre , où la réſiſtance eſt moins grande. Le bruit ou le tonnere eſt d'autant plus conſidérable , que l'exploſion eſt plus forcée ; & la foudre d'autant plus redoutable , que ſa matiere a été plus comprimée. Les nuées , dans l'exploſion , ſont écartées avec force.

XXVI.
Cauſe des coups de Soleil.

XXII.
Cauſe & matieres de la foudre, ſa violence.

XXVIII.
Pourquoi la foudre ſe détermine vers la terre.

XXIX.
Chûte de la pluie : cauſe de la grêle & de la fraîcheur de l'air.

force ; elles se choquent, se confondent ; & en se précipitant sur la terre, elles temperent la chaleur, rafraichiffent l'air, & souvent le refroidiffent. Si celui, sur lequel la terre pirouette, se débande, comme plus denfe & plus froid, il convertit promptement la pluie en grêle, & reffere encore la matiere de la foudre, qui en devient plus terrible ; mais qu'il diffipe, en la chaffant vers le pole afcendant. Sans cette action, nous éprouverions plus souvent des orages, & plus long-temps.

L'air, qui environne immédiatement la surface de la terre, raréfié par les rayons directs & réfléchis du Soleil, occupe un efpace plus confidérable : il ne peut le faire, sans effort en haut, en bas & sur les côtés : ces écartements produifent des ondulations dans l'air ; & ces ondulations, des vents, qui font d'autant plus violents, que les climats qui les éprouvent font plus éloignés de la direction des

X X X.
Autres cau-
fes des vents.

D

rayons du Soleil , comme l'expérience
nous l'apprend en hiver ; & d'autant plus
froids , que l'air du pole inférieur se débande plus fortement pour chasser la matiere solaire dans le pole supérieur ou ascendant.

XXXI.
Neige, nuées.

La neige , formée de filaments qui
tiennent les uns aux autres , semble nous
faire connoître que la matiere solaire qui
sort de la terre en divise l'humide , & ,
avec le secours de l'air , détache , enleve
des parcelles fines qui , aidées de la pression du globe , s'élevent en rosée , en se-
rein , se rassemblent dans la région météorique par brouillards composés de ces
petits filaments , à-peu-prés , mais plus
finement , que l'esprit de vin dans l'eau
avec laquelle il n'est pas encore confondu;
ces parcelles réunies forment la pluie ,
qui tombe en goutte , &.

XXXII.
Effets de la
matiere solai-
re en général
sur les corps
vivants.

Quand je pense à l'action de la matiere
solaire sur l'eau & sur l'air lui-même , je
suis tenté de croire qu'il n'y a de fluide par

lui-même & essentiellement, que cette matiere solaire. Elle domine par-tout ; tout lui
doit son mouvement : c'est elle qui chasse
le boulet, du canon, & la bombe, du mor-
tier ; c'est elle qui fait sauter les mines,
les citadelles & les villes. Mais c'est elle
aussi qui nous vivifie, qui échauffe, qui
anime notre sang, le fait circuler, entre-
tient sa fluidité, & s'oppose à ses concrétions : elle entre dans tout animal vivant
par les émonctoires grands & petits, se
mêle avec les liqueurs, monte confusé-
ment avec elles dans le cerveau ; & c'est
là que l'Auteur de notre existence a cons-
truit un laboratoire propre à former un
fluide délié qui lui sert de véhicule &
d'enveloppe pour la transmettre dans toutes les parties du corps, avec la proportion
& la modification convenables à chacune.

Si nous examinons bien la structure
du cœur & de ses adhérences, nous
trouverons qu'il est fait pour être le

XXXIII.
Ce que c'est
que le suc ner-
veux : quel est
l'office   des
nerfs.

XXXIV.
Principe du
mouvement
de tout ani-
mal vivant.

point d'appui ou de résistance de toutes
les liqueurs d'un corps vivant, comme la
matiere solaire modifiée, ou suc cérébral, en est la force mouvante. Ces deux
principes suffisent pour démontrer le méchanisme d'un animal vivant; méchanis-
bien différent de celui qu'expose le cé-
lebre M. de Sénac, & que j'essaierai d'expliquer dans un Ouvrage de Médecine.

XXXV.
Ce que c'est
que la transpiration insensible.

La matiere solaire, qui entre dans un
corps vivant, le feroit périr si elle n'en
sortoit; les pores de la transpiration
insensible lui fournissent des issues à l'infini : comme le suc cérébral ou nerveux
s'accumuleroit lui-même & deviendroit
nuisible, il fait la matiere de cette transpiration, de laquelle la matiere solaire se
dégage à peu de distance de la peau; &
cette perspiration ainsi délaissée, fait
l'atmosphere immédiate de tout corps vivant : ce qui semble être démontré, lorsque, par opposition à l'inclinaison des
poils d'un chat, on lui frotte le dos dans

l'obſcurité ; ces poils agités dégagent la matiere ſolaire, de la tranſpiration & des vacuoles de l'air, & la raſſemblent en la développant en étincelles.

Le fer du pied d'un cheval ſur le pavé, le briquet contre la pierre, font ſur l'air intermédiaire le même effet, mais plus violemment, que la main qui frotte un tube de verre. La matiere ſolaire contenue dans l'air qui ſe trouve entre le tube & la main, abandonne ſes cellules, pénetre le verre, en dilate l'air intérieurement, & en ſort par ſes pores en filaments ou aigrettes, tandis que plus abondam- ment, elle flue par les deux extrémités du tube, ſans être ſenſible, à cauſe de leur grande ouverture & du mélange des parties nombreuſes de l'air. Il n'en eſt pas de même du globe électrique : auſſi en émane-t-il une plus grande quantité de matiere ſolaire, par le défaut d'évapo- ration ou d'ouverture du globe.

XXXVI.
Electricité.

XXXVII.
Mechanisme
de l'électri-
cité.

Si l'on fait tourner un globe de verre sur son axe, le frottement de la main sur ses surfaces agite, divise l'air, en débarasse la matiere solaire, qui pénetre dans l'intérieur du globe, le remplit & en dilate l'air. L'air intérieur, dilaté autant qu'il peut l'être, foulé continuellement, & ne pouvant se dégager, résiste alors à l'introduction de la matiere solaire, exerce contre elle toute sa force, &, ne pouvant sortir lui-même, il la repousse avec d'autant plus de violence, qu'il est plus comprimé, qu'il peut moins s'échapper, & qu'elle fait plus d'efforts pour y pénétrer : alors la matiere solaire, comme l'eau forcée dans un tuyau, comme la poudre enflammée dans le canon, & comme la matiere des éclairs & de la foudre au haut de la région météorique ; alors, dis-je, cette matiere fait une éruption violente hors du globe, peu sensible, à la vérité, dans un air li-

bre, où elle fe diffipe fans oppofition, &
fe rend invifible; mais fi, fortant du
globe, on lui préfente une chaîne qui lui
fraie le chemin dans l'air, elle la fuit &
s'y prolonge en fufion qui feroit auffi redoutable que la foudre, fi le globe four-
niffoit beaucoup de matiere, ou fi la
chaîne pouvoit être le véhicule d'une
grande quantité.

XXXVIII.
Caufe de la
violence de la
matiere élec-
trique.

TROISIEME PARTIE,
Système du Monde.

Lorsque je contemple l'immensité des Cieux, la grandeur & la beauté des ouvrages de Dieu, je sors de moi-même, je m'éleve, & fais effort vers la Divinité : si je réfléchis sur mes raisonnements, je découvre ma foiblesse, & je me sens rapproché du néant. Les hommes sont foibles, & ils donnent dans les infiniment grands : abusés par leur imagination, appuyés sur des préjugés, ils font & soutiennent des hypotheses impossibles, pour ainsi dire, à Dieu, même. En effet, comment concevoir raisonnablement que des masses aussi énormes que les planetes soient emportées, autour du Soleil, dans une orbite dont la grandeur effraie, & avec une rapidité qui étonne & renverse l'intelligence (1)? Quelle simplicité, au

(1) Suivant les observations, la terre fait tous les ans autour du Soleil cent quatre-vingt dix huit

contraite , dans les œuvres du Créateur ,
quand nous nous donnons la peine de les
approfondir , en réprimant l'imagination,
& en fecouant nos préjugés ! préjugés de
tous les temps , fi nuifibles aux progrès
des Arts & des Sciences , & au bonheur
de l'homme lui-même.

.. L'oifiveté a fait les premieres obfervations dans le ciel , la curiofité les a multipliées , la néceffité les a conftatées , &
les mathématiques , productions de la
juftefte & de la févérité , y mettent l'ordre. Des obfervations fuivies & conftantes font refpectables ; des hommes cé-
lebres de notre fiecle ont ajouté aux con-
poiffances antérieures , & par-là à l'eftime
& à la vénération qu'on leur doit : mais
ces hommes , également au-deffus des
contradictions ou des éloges, regardent

---

millions de lieues. La révolution de Saturne autour du Soleil eft de dix-huit cents millions de
lieues. *Voltaire , Philofophie de Newton.*

avec complaisance les efforts de l'imagination, & conviennent, sans partialité,
que les plus grandes découvertes lui
doivent quelquefois beaucoup. Chacun a
la liberté de penser ou par soi-même ou
par d'autres. Les anciens & les modernes
ont fait des systêmes ou des rêves : la vérité est-elle toujours à la fin de l'observa-
tion ? l'esprit ne reclame-t il jamais la
précision & la justesse ? Ils étoient des
hommes, & l'objet de leurs recherches
tient de l'infini. Le systême que je propose
est encore un songe, si l'on veut, j'y par-
lerai donc avec autant d'autorité que dans
un songe.

Les yeux sont trompés tous les jours,
ou par eux-mêmes, ou par les objets, ou
par les corps intermédiaires. Nous ne
sommes donc pas toujours certains des
qualités extérieures des corps. Une
avenue de deux ou trois cents pas, plan-
tée parallelement, nous paroît plus
étroite à son extrémité qu'à son commen-

éement : une tour, vue de loin, femble
ronde, quoique quarrée : un homme de
cinq pieds & demi apperçu de cinq cents
pas, ne paroît point en avoir cinq : nous
voyons les nuées tantôt claires ou obfcu-
res, tantôt dorées, argentées ou rouges,
cependant elles n'éprouvent aucun chan-
gement réel. Ou nos yeux font vitiés,
ou les objets réfléchiffent les rayons du
Soleil défavorablement, ou les corps intermédiaires oppofent des obftacles. Quelqu'objet que nous confidérions, l'air eft
par-tout néceffairement intermédiaire.
L'air eft-il dépourvu de qualité propre?
ne varie-t-il point? n'eft-il jamais dé-
rangé par des qualités étrangeres! que
dis-je? de combien de variations n'eft-il
pas fufceptible! combien ces variations
en apportent-elles dans la vifion! & de
combien de façons abufent-elles les yeux!
Quelles font les raifons ou les caufes de
ces variations? Il fuffit actuellement de

convenir que les yeux , les objets , &
les corps intermédiaires peuvent nous
tromper.

Le verre le plus clair ou le plus tranf-
parent a fon ombre ; il ne tranfmet donc
pas tous les rayons qui le frappent. Si ce
verre eft pofé entre l'objet & nos yeux,
il forme donc un obftacle à l'exacte repré-
fentation. Nous voyons plus clair le jour
que la nuit : la fouftraction des rayons de
lumiere eft donc encore un obftacle à
la vifion ; à combien de gens , des arbres,
des buiffons , des tas de pierres ; &c.
ont ils paru la nuit , des phantômes?
on fe trompe donc plus aifément de nuit
que de jour.

Les Aftronomes obfervent la nuit
pour l'ordinaire , '& ils obfervent les
objets les plus diftants : il faut donc
encore ajouter une oppofition , qui eft
l'éloignement. La terre a un mouvement , & les planetes en ont un autre : à

un ſpectateur tranquille dans un bateau qui ſuit le courant d'une riviere,
le rivage paroît fuir; autre difficulté
qui s'oppoſe à l'exactitude. Mais, di-
ra-t-on, l'on ſe ſuppoſera dans le Soleil,
& de ce point l'on calculera ! eſt-on
bien ſûr de la diſtance d'ici au Soleil !
les corps, lumineux par eux-mêmes,
ou par réflexion, paroiſſent-ils de loin
ce qu'ils ſont véritablement de près?
Nouveau ſoupçon ſur les obſervations
céleſtes.

Chacun de ces obſtacles, en particulier, eſt réel : ne peut-il pas s'en rencon-
trer pluſieurs dans la même obſerva-
tion ? Alors le réſultat doit-il être
autre qu'incertain? D'ailleurs les obſer-
vateurs conviennent que le téleſcope
n'aide à découvrir que juſqu'à un certain
point, au-delà duquel tout eſt équivo-
que, ou obſcurité ; il n'eſt donc pas éton-
nant que les Aſtronomes, juſqu'aujour-

d'hui , aient varié dans les calculs faits d'après leurs obfervations.

Une étoile reffemble à une étoile, & une planete à une autre planete : ne peut-on pas prendre une étoile pour une autre , & fe tromper également à l'égard des planetes ? Mais Saturne eft diftingué par un anneau : eft on bien convaincu qu'il foit la feule planete avec un anneau ? Mais on l'obferve dans une faifon à tel point , & à un autre point dans un autre temps : c'eft précifément ce qui feroit croire que d'autres planetes peuvent avoir des marques diftinctives & communes avec Saturne ; & c'eft ce que je croirois tout auffi aifément, que d'imaginer qu'il parcourt dans l'efpace de vingt-huit à trente ans un cercle de dix huit cents millions de lieues. Calculez fa viteffe, fa maffe, & fon frottement , comparez-les avec les effets du mouvement des corps que nous voyons ; & concevez comment il ne fe réduit pas en cendre.

Puifque le réfultat des obfervations n'eft pas toujours abfolument certain , je continue à donner l'effor à mon imagination , & j'ofe propofer ce qui fuit avec une forte de vraifemblance.

Nous avons dit que la terre éprouve dans le Zodiaque les mouvements de *pirouettation*, d'afcenfion & de defcenfion. Confidérons le firmament , réfléchiffons fur le mouvement des planetes ; & comparons ce mouvement, avec ce qui fe paffe à la portée de nos yeux. Nous trouverons de grandes difficultés , & que ce n'eft pas fans prévention que l'on fait plier la raifon pour concilier l'énormité de ces maffes avec leur rapidité prodigieufe dans leur orbite.

La matiere folaire qui fort des entrailles de la terre , & celle des rayons réfléchis , s'élevent jufqu'au haut de la région météorique terreftre, y font arrêtées en partie par les nuées, mais bien davantage par la denſité de l'atmoſphere qui les comprime. Là, cette matiere fait ſouvent collection, & y forme les météores grands & petits. La terre, pirouettant ſur elle même, établit ſon point d'appui ſur celui où elle pirouette : l'air, ſur lequel elle eſt appuyée, plus denſe & plus élaſtique, la ſoutient en la comprimant. Cette compreſſion ſe fait ſentir auſſi dans la région météorique : la matiere ſolaire, ou zodiacale, amaſſée ſur le haut de cette région, deſſus, deſſous & entre les nuées, cede à cette preſſion, & ſe détermine vers le pole oppoſé, où l'air fait moins de réſiſtance ; elle y entre, en le dilatant ; & y paroit en aurore boréale, dont la direction ſemble nous indiquer l'aſcenſion de la terre d'une façon fort ſimple & fort naturelle, le pole, ſur lequel la terre pirouette, la maintenant directe dans ſon aſcenſion. Les volcans, ſur-tout fur-tout celui du mont Hécla , la fluidité de l'eau & la végétation qui ont lieu dans les Zônes polaires, ajoutent à la perfuafion que la matiere folaire rend la terre plus légere , & circule intérieurement d'un pole à l'autre , felon la denfité de l'air de l'un ou de l'autre.

Si la terre ne reftituoit point, après le coucher du Soleil, une grande partie de la matiere folaire qu'elle a abforbée pendant le jour, elle éclateroit comme une bombe, ou nous éprouverions dans la nuit un froid plus grand que celui des plus hautes montagnes. En fuppofant que la partie de la terre , qui a été échauffée des rayons du Soleil, reftât quelque temps dans l'Occident, l'éruption de la matiere folaire pourroit lui préparer ou lui frayer un chemin dans une orbite ; mais comme elle pirouette fans s'arrêter en s'électrifant continuellement, cette matiere électrique fert à dégager plus promptement fes furfaces de l'air qui la touche im-

V.
Ce qui rend l'air fupportable pendant la nuit.

VI.
Caufe de l'afcenfion directe de la terre.

médiatement, à suppléer au défaut
des rayons du soleil pendant la nuit,
& à faciliter son ascension directe;
de plus, la matiere solaire que la terre
rejette après le coucher du Soleil, ne
pénetre pas dans l'air horifontalement,
comme feroit une fleche; mais comme un
brouillard qui, en s'élevant, éprouve un
peu d'opposition & qui est chassé d'un
de ses côtés par le vent: l'air antarctique,
par exemple, lorsque nous sommes en
été, en comprimant, en poussant la terre
supérieurement & en droite ligne, fait
l'office des vents relativement à la matiere solaire, la détermine vers le pole
arctique, & la rend apparente sous le
nom d'aurore boréale, sur-tout quand
elle est fort rassemblée par la compression:
ces bouffées de matiere solaire fondent
l'air du pole septentrional, & le disposent
à recevoir la terre dans son ascension, en
même-temps qu'elle y est poussée par sa
partie antarctique.

Suppofons un bâton de perroquet, ou une échelle compofée de fix échelons, partagée par une ligne droite 5, du haut en bas dans le milieu de fa largeur : il y aura de chaque côtés fix échelons & fix cafes. Le premier échelon ou rayon de l'échelle à gauche, je l'appellerai Janvier A ; & je nommerai la cafe au-deffous, le figne du verfeau B : le fecond rayon, toujours à gauche, s'appellera Février C, & la cafe, le figne des poiffons D ; le troifieme rayon, Mars E, & la cafe le figne du bélier F ; le quatrieme rayon, Avril G, & la cafe, le figne du taureau H ; le cinquieme, Mai I, & la cafe, le figne des gémeaux K ; enfin le fixieme, Juin L, & la cafe le figne de l'écreviffe ou du cancer M. Je paffe maintenant la ligne 5, que j'ai tirée du haut de l'échelle en bas, & qui la partage dans le milieu de fa largeur : le premier rayon du bas de l'échelle à droite, je l'appelle Juillet N, & la cafe au-deffus, je la

VII.

Voy. planche II, fig. 1.

Démonftration de l'afcenfion & defcenfion directes de la terre, conforme à fes révolutions diurnes & annuelles, & à l'ordre des faifons ; ou échelle zodiacale.

E ij

nomme le signe du lion O : le second
rayon , en montant toujours à droite ,
Août P, & la case, le signe de la vierge Q,
le troisieme , Septembre R , & la case le
signe de la balance S ; le quatrieme , je
le nomme Octobre T , & sa case le signe
du scorpion V ; le cinquieme , Novem-
bre X , & la case le signe du sagittaire Z ;
enfin le sixieme échelon , ou rayon , au
haut de l'échelle à droite , s'appellera
Décembre 2 , & sa case au-dessus le signe
du capricorne 3.

Je présente maintenant au Soleil cette
échelle graduée ; je tire une ligne hori-
sontale du centre du Soleil 6 , qui vient
se terminer au quatrieme échelon , laquelle ligne coupe , à angle droit , celle
qui partage l'échelle dans sa largeur du
haut en bas : cette ligne horisontalement
centrale du Soleil & de l'échelle , je l'appelle ligne équinoxiale 4 ; & je nomme
écliptique 5 , la ligne qui partage égale-

ment l'échelle dans fa largeur du haut en bas.

Les fignes du verfeau, des poiffons, du bélier, du taureau, des gémeaux, du cancer s'appelleront fignes feptentrionaux ou defcendants : les fignes du lion, de la vierge, de la balance, du fcorpion, du fagittaire, du capricorne, fignes méridionaux, ou afcendants.

La ligne, qui partage l'échelle dans fa largeur du haut en bas, & que nous avons appellée écliptique, eft la route de la terre 7 pour monter & defcendre. Que l'on fe rappelle ce qui a été dit des caufes de l'afcenfion & defcenfion de la terre dans le zodiaque, & qu'on l'applique ici ; c'eft-à-dire, au lieu de faire monter & defcendre la terre circulairement dans le Zodiaque, d'un tropique à l'autre, fuppofez-la monter & defcendre perpendiculairement, fuivant le même raifonnement. Par-là, il fera facile de concevoir & d'expliquer fimplement les

E iij

mouvements diurnes & annuels de la terre , ainsi que les saisons (1).

Voy. planche II. fig. 2.

Pour concevoir plus aisément ces mouvements d'ascension & de descension directes, il n'y a qu'à supposer pour l'instant , deux lignes perpendiculaires & parallèles *a a a a*, qui se joignent en se courbant à leurs extrémités , & que le milieu de la hauteur de ces lignes B , réponde au centre du Soleil S. Sur la ligne à gauche, la terre T descendra , & elle montera sur la ligne à droite. Quand elle arrivera à l'équateur B en descendant , nous serons à l'équinoxe du printemps C; quand elle se trouvera au bas, ce sera le solstice d'été D : lorsqu'en montant elle sera à l'équateur B, nous serons pour lors à l'équinoxe d'automne E ;

____

(1) En supposant que la terre monte & descende perpendiculairement , l'on abrege son mouvement annuel de cent quatre-vingt-dix-huit millions de lieues ; & le cours de Saturne, de dix-huit cents millions de lieues.

enfin quand elle sera tout-à-fait au haut T, nous serons arrivés au solstice d'hiver F.

Ce qui sembleroit nous indiquer que le mouvement annuel de la terre consiste dans six mois d'ascension directe & dans six autres mois de descension, c'est l'étoile polaire; si elle répond directement au zénith du Soleil, nous, habitans de la Zone tempérée, nous ne pouvons l'appercevoir la nuit au point où nous la voyons. Si on la suppose actuellement perpendiculaire au pole arctique, quand nous serons, dans six mois, à la quadrature opposée dans son orbite; nous ne pouvons plus l'appercevoir, quelque chose que l'on dise de sa grande distance : cependant nous la voyons constamment à la même place dans toutes les saisons.

Dans le système de Copernic, l'on prétend que la terre décrit tous les ans au-

VIII.
Etoile polaire.

Voy. Pl. III. fig. 1.

IX.
Comparai-
son du Soleil
avec l'Etoile
polaire.

tour du Soleil un cercle ovale ou ellipse
A A, de cent quatre-vingt dix-huit millions de lieues; & que le Soleil n'est
point tout-à-fait au centre de cette ellipse. S'il est vrai, comme on le dit, que
l'Etoile polaire soit à peu près perpendiculaire au pole arctique B, par exemple,
dans l'aphélie C de la terre, c'est-à-dire
dans son plus grand éloignement du Soleil, lorsqu'elle se trouvera dans la quadrature opposée D, ou périhélie c'est-
à-dire dans son plus grand rapproche-
ment du Soleil, & que notre hémis-
phere F, à l'heure de minuit, sera en opposition avec l'Etoile polaire & le Soleil
lui-même, comment appercevoir cette
étoile? Doit elle nous paroître à la même
place où nous l'avons vue, lorsque la
terre étoit dans son aphélie C, & que
notre climat G, à l'heure de minuit,
étoit en opposition avec le Soleil, & au-
dessous de l'étoile polaire E?

L'on obferve l'étoile polaire toujours à la même place en hiver comme en été : nous pouvons nous en fervir ici comme d'un point fixe relativement à la terre T, & au Soleil S. Le Soleil, lorfque nous fommes T au folftice d'été A, eft plus élevé par rapport à nous que quand nous fommes M au folftice d'hiver B; il femble qu'en été A le Soleil S eft plus proche de l'équateur C de l'étoile polaire, c'eft-a-dire, de la ligne droite horifontale C, qui eft tirée du centre D de cette étoile, & qui paffe fur le zénith F du Soleil. La ftabilité de l'étoile polaire, l'élévation & l'abbaiffement apparents du Soleil, dans l'un & l'autre folftice, s'expliquent fort fimplement par l'afcenfion & defcenfion directes de la terre.

La terre, fuivant la perpendiculaire dans fix mois d'afcenfion, & fix autres de defcenfion, occupe un très petit efpace dans l'atmofphere planétaire ou folaire; rien n'empêche, à une égale diftance du

Voy. planche III, fig. 2.

X.
Multiplicité des planetes de notre Mou-de.

Soleil, de placer ou de suppoſer trois autres planetes dans les quadratures du même cercle ou plan horiſontal au Soleil, & ainſi dans les quadratures du plan des autres planetes, qui ſont plus proches ou plus éloignées du Soleil que nous.

XI.
Multiplicité
des Mondes.

Notre monde planétaire, ainſi conſtruit, ainſi renfermé & ſerré dans l'air univerſel, laiſſe lui-même encore des eſpaces incroyables, qui pourroient être occupés utilement par d'autres mondes. Rien ne répugne d'en placer aux côtés du nôtre, à droite & à gauche, en haut en bas, poſtérieurement & antérieurement. L'air univerſel eſt d'une ſi vaſte étendue, il eſt d'une immenſité ſi inconcevable, que l'imagination s'y perd, ou en revient ſur elle-même ſans idée. Si la raiſon ne ſaiſit point, n'apperçoit pas le terme de l'air univerſel, elle ne s'oppoſe point à l'idée de la multiplicité des mondes : les yeux lui perſuadent ſans effort que cette prodigieuſe quantité d'étoiles peuvent être les Soleils d'autant de mondes planétaires : elle ne se refuse pas même à croire que ce sable étoilé du fond du ciel n'est pas autre chose. D'ailleurs, la grandeur de Dieu n'en est que plus admirable, & sa toute-puissance plus souverainement triomphante.

Le plan d'un damier, dont l'angle des quarrés seroit coupé en arrondissement, figureroit assez bien l'ordre ou l'arrangement des mondes les uns sur les autres, ainsi que les miroirs à facettes multipliées. Comme l'air de chaque monde planétaire est dilaté du centre à la circonférence, & comprimé de la circonférence au centre, rien ne peut s'en échapper; comme aussi rien ne peut s'y introduire, à cause de la grande densité (1) de l'air qui termine un monde.

XII.
Comment plusieurs mondes les uns sur les autres, peuvent subsister sans se nuire.

---

(1) L'on exposera ailleurs pourquoi cette densité de l'air universel n'empêche point d'appercevoir les étoiles.

Les mondes, les uns sur les autres, même en se comprimant, se donnent des forces pour établir plus solidement leur constitution, bien loin de se détruire ; & ils s'assurent davantage dans leur intérieur la liberté des révolutions de chaque république planétaire. Mais la facilité d'imaginer la multiplicité des mondes ne donne pas celle de concevoir que l'air universel soit infini : il doit donc avoir des bornes. Où sont-elles ? Par la raison que l'air d'un monde planétaire est dilaté du centre à la circonférence, tous ces mondes comprimés tendent aussi à s'excentrifier du milieu de l'univers. Qui les retient ? c'est l'air universel qui les contient & les maintient. Mais l'air universel, repoussé lui-même par les mondes, a besoin d'appui. Quel est-il ? C'est Dieu ; c'est dans sa gloire qu'existe l'univers.

RÉFLEXION.

JE N'AI POINT EU d'autre but, dans cet ouvrage, que de chercher la caufe des mouvements de la terre. Si j'ai fait quelques découvertes, c'a été en travaillant à la premiere ; & j'y ai été conduit par les raifonnements fuivants : 1°. il n'y a point de mouvement fans corps : 2°. il n'y a point de corps en mouvement fans caufe : 3°. il n'y a point de caufe du mouvement fans principe : 4°. il n'y a point de principe de caufe du mouvement fans élafticité : 5°. il n'y a point d'élafticité fans réfiftance & fans vuide : 6°. il n'y a point de réfiftance ni de vuide fans corps : 7°. les corps font dans le vuide, & le vuide parmi les corps.

D'après ces principes, je penfe que, d'une quantité de vuide répandu & diftribué dans l'atmofphere folaire, fuffifants pour donner lieu au choc des corps, & le choc à leur élafticité, il ré-

sulte que le choc, l'élasticité des corps &
le vuide sont principes du mouvement.

Tout le monde convient que la terre
est partout environnée d'air. L'expérience
nous apprend qu'un corps ne se meut
que par une cause physique interne ou
externe, voisine ou éloignée, mais qui
touche médiatement ou immédiatement.
La cause des mouvements de la terre ne
faisant point partie de sa constitution
propre, en est donc distinguée. L'air
éprouve tant de modifications contradic-
toires dans ses qualités sensibles, que ses
variations paroissent être aussi l'effet d'une
cause indépendante de sa nature. Où
trouver donc ces causes ? Dans le Soleil.
Pour les faire connoître & les rendre plus
frappantes, j'ai cru ne mieux faire que
d'imaginer la construction du Monde. Par
cette invention, ou supposition, j'ai démontré en quelque sorte la nature du Soleil ; la stabilité de sa position ; l'impossibilité de dissipation de ses parties ; son

analogie avec l'air ; fon action intrinfeque & extrinfeque , générale & particuliere , fur les corps ; le mouvement de la terre & des planettes ; la pofition, la perpétuité & la folidité des parties qui compofent l'univers, &c. Du refte , fi la terre exécute verticalement fa révolution annuelle, les obfervations ultérieures , fuivies & conftantes , le juftifieront.

Ordo , Mathefis.

F I N.

TABLE DES MATIERES.

E

SECONDE PARTIE.

IDÉES GÉNÉRALES DE PHYSIQUE.

TROISIEME PARTIE.

Systême du Monde.

Fin de la Table.

PRIVILEGE DU ROI.

Louis, par la Grace de Dieu, ROI de France & de Navarre : A nos amés & féaux Conseillers, les Gens tenants nos cours de Parlement, Maîtres des Requêtes ordinaires de nôtre Hôtel, Grand-Conseil, Prévôt de Paris, Baillifs, Sénéchaux, leurs Lieutenants Civils, & autres nos Justiciers qu'il appartiendra : Salut. Notre amé le sieur DESHAYES, Nous a fait exposer qu'il desireroit faire imprimer & donner au Public un *Essai de Physique sur le Systéme du Monde*, de sa composition, s'il nous plaisoit lui accorder nos Lettres de Permission pour ce nécessaires. A ces causes, voulant favorablement traiter l'Exposant, Nous lui avons permis & permettons par ces Présentes, de faire imprimer ledit Ouvrage autant de fois que bon lui semblera, & de le faire vendre & débiter par tout notre Royaume, pendant le temps de trois années consécutives, à compter du jour de la date des Présentes : Faisons défenses à tous Imprimeurs-Libraires, & autres personnes de quelques qua-

lité & condition qu'elles soient, d'en introduire
d'impreſſion étrangere dans aucun lieu de notre
obéiſſance : A la charge que ces Préſentes ſe-
ront enregiſtrées tout au long ſur le regiſtre de
la Communauté des Imprimeurs & Libraires
de Paris , dans trois mois de la date d'icelles ;
que l'impreſſion dudit Ouvrage ſera faite dans
notre Royaume, & non ailleurs, en bon pa-
pier & beaux caracteres; que l'Impétrant ſe
conformera en tout aux Réglements de la Li-
brairie , & notamment à celui du 10 Avril
1725, à peine de déchéance de la préſente Per-
miſſion ; qu'avant de l'expoſer en vente , le Ma-
nuſcrit , qui aura ſervi de copie à l'impreſſion
dudit Ouvrage , ſera remis dans le même état
où l'Approbation y aura été donnée , ès mains
de notre très cher & féal Chevalier, Chancelier
Garde des Sceaux de France le ſieur DE
MAUPEOU , qu'il en ſera enſuite remis deux
Exemplaires dans notre Bibliotheque publique ,
un dans celle de notre Château du Louvre ,
& un dans celle dudit ſieur DE MAUPEOU ,
le tout à peine de nullité des Préſentes : du
contenu deſquells vous mandons & enjoi-
gnons de faire jouir ledit Expoſant & ſes
Ayant-cauſes, pleinement & paiſiblement , ſans
ſouffrir qu'il leur ſoit fait aucun trouble ou em-
pêchement. Voulons qu'à la copie des Préſentes
qui ſera imprimée tout au long au commence-
ment ou à la fin dudit Ouvrage , foi ſoit ajou-
tée comme à l'original. Commandons au premier notre Huiſſier ou Sergent ſur ce requis,
de faire , pour l'exécution d'icelles , tous actes
requis & néceſſaires , ſans demander autre per-
miſſion , & nonobſtant clameur de haro, charte
normande & Lettres à ce contraires : Car tel
eſt notre plaiſir. DONNÉ à Compiegne , le cin-

quieme jour du mois de Juillet l'an mil fept
cent foixante-douze, & de notre Regne, le
cinquante-feptieme.

PAR LE ROI EN SON CONSEIL ;

LE BEGUE.

J'ai cédé au fieur DIDOT la propriété du
préfent Ouvrage, pour en jouir en mon lieu
& place, fuivant les conventions faites entre
nous. A Paris, le 8 Août 1772.

DESHAYES.

*Régiftré la préfente Permiffion, & enfemble
la ceffion, fur le Regiftre XVIII de la Chambre
Royale & Syndicale des Libraires & Imprimeurs de Paris, nᵒ. 2255, fol. 691, con-
formément au Réglement de 1723. A Paris,
ce 11 Août 1772.*

L. F. LE CLERC, Adjoint.

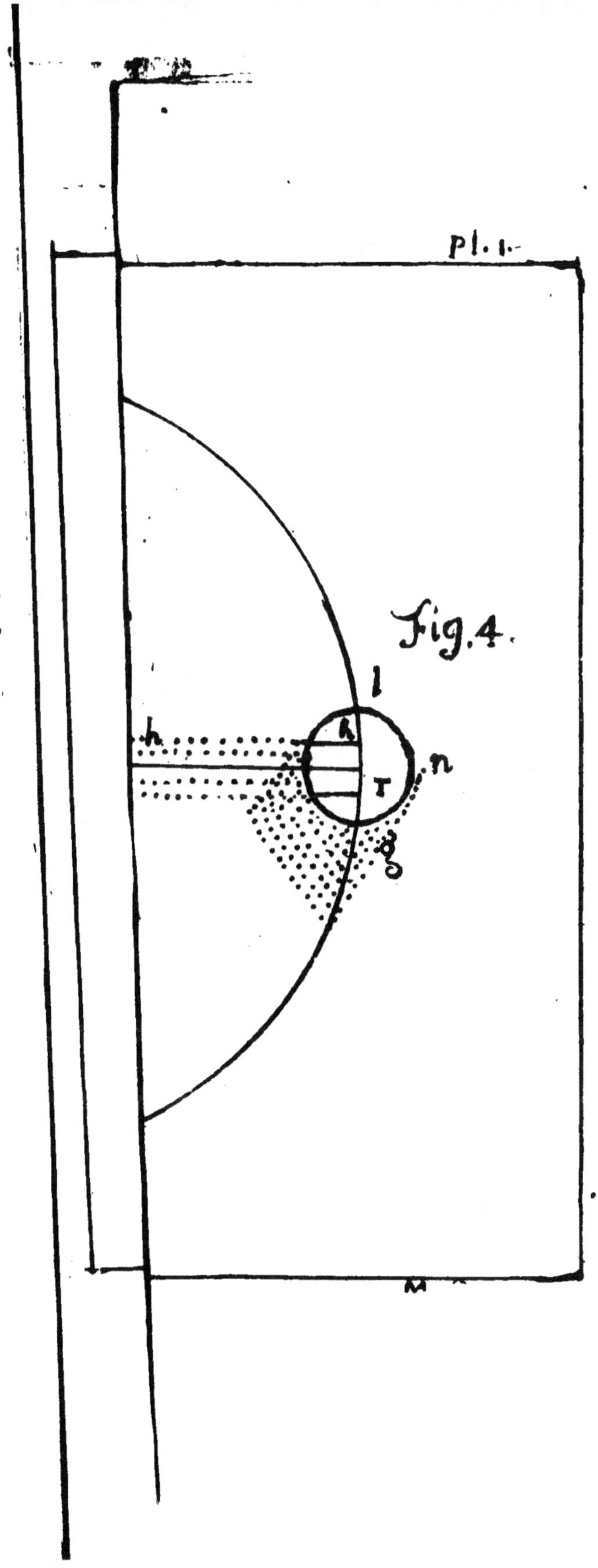

Pl. 1.
Fig. 4.
l
h
n
T
g
M

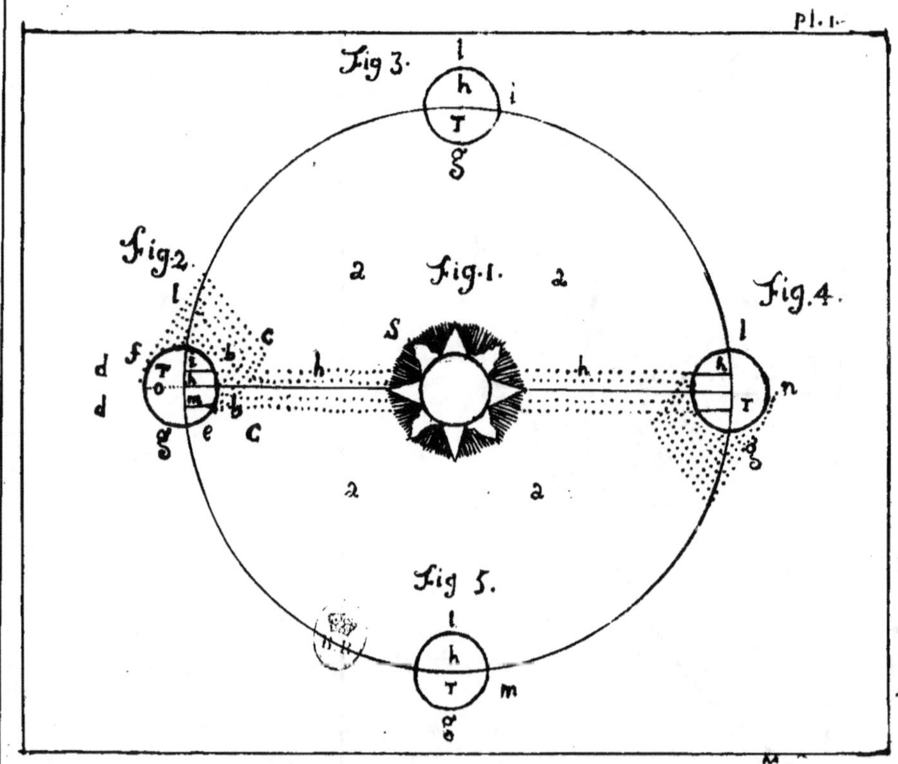
Pl. 1.
Fig 3.
Fig 2.
Fig. 1.
Fig. 4.
Fig 5.
S

Fig. II.

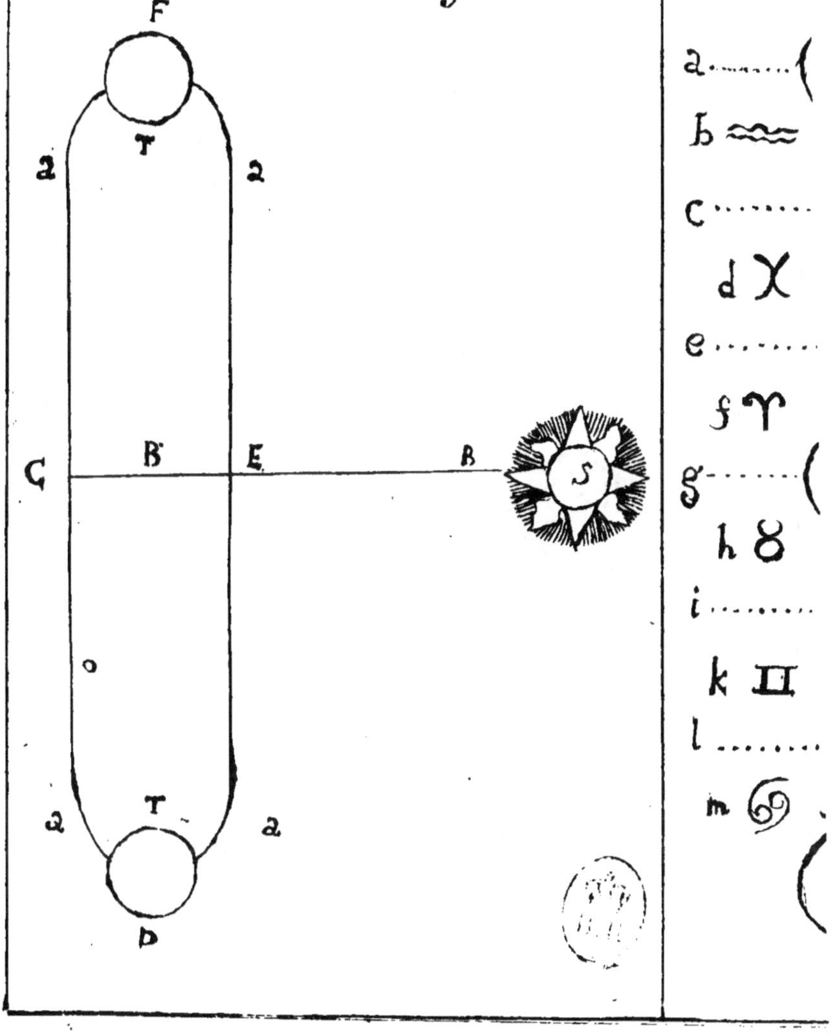

F
T
a   2
C   B   E   B   S
o
T
a   a
D

a .... (
b ≈≈
c ....
d X
e ....
f ♈
g .... (
h ♉
i ....
k ♊
l ....
m ♋

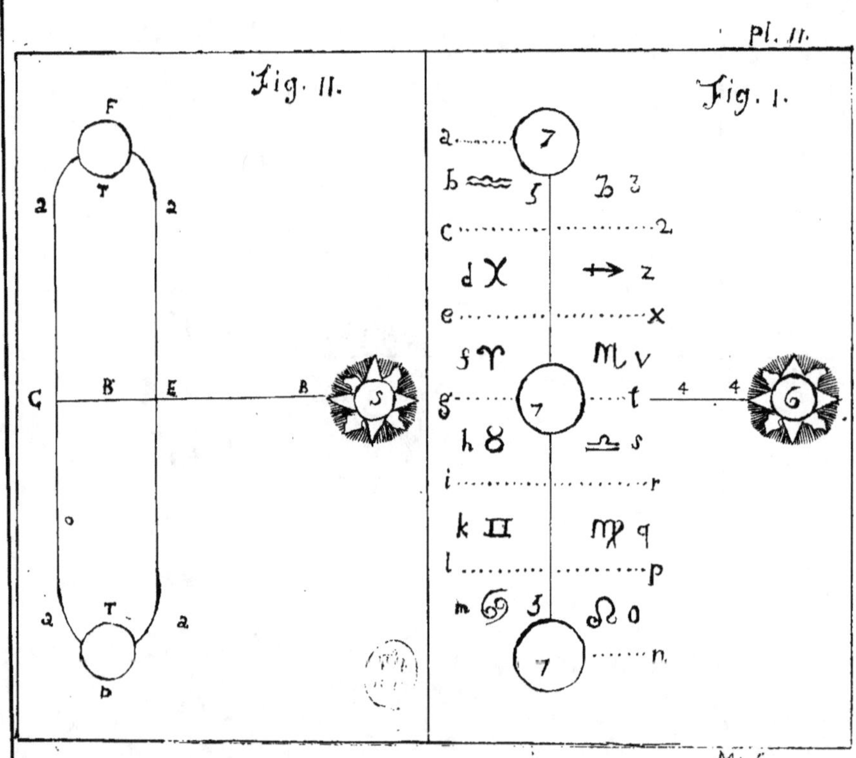
Fig. II.
F
T
C B E B
o
T
b
Fig. I.
a
b
c
d
e
f
g
h
i
k
l
m
n
o
p
q
r
s
t
v
x
z
z
M

Fig. 1.

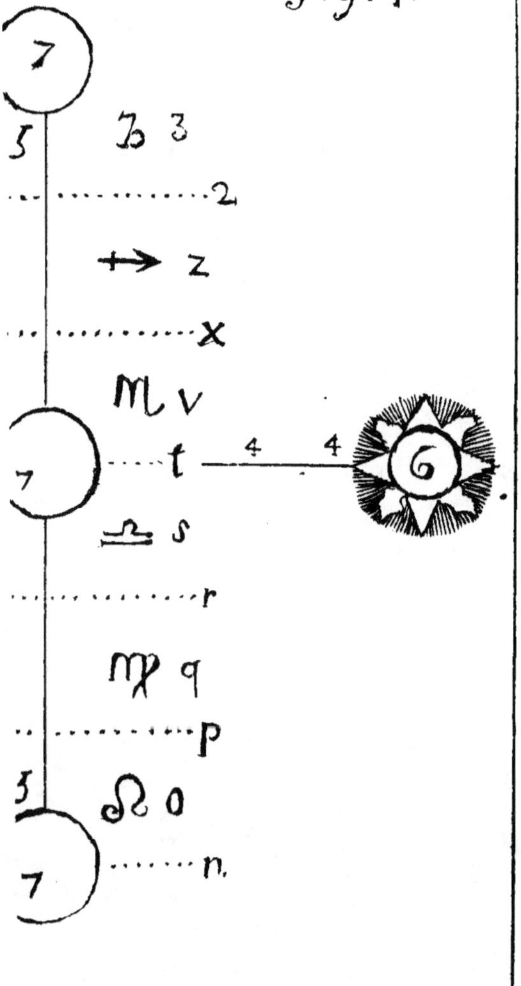

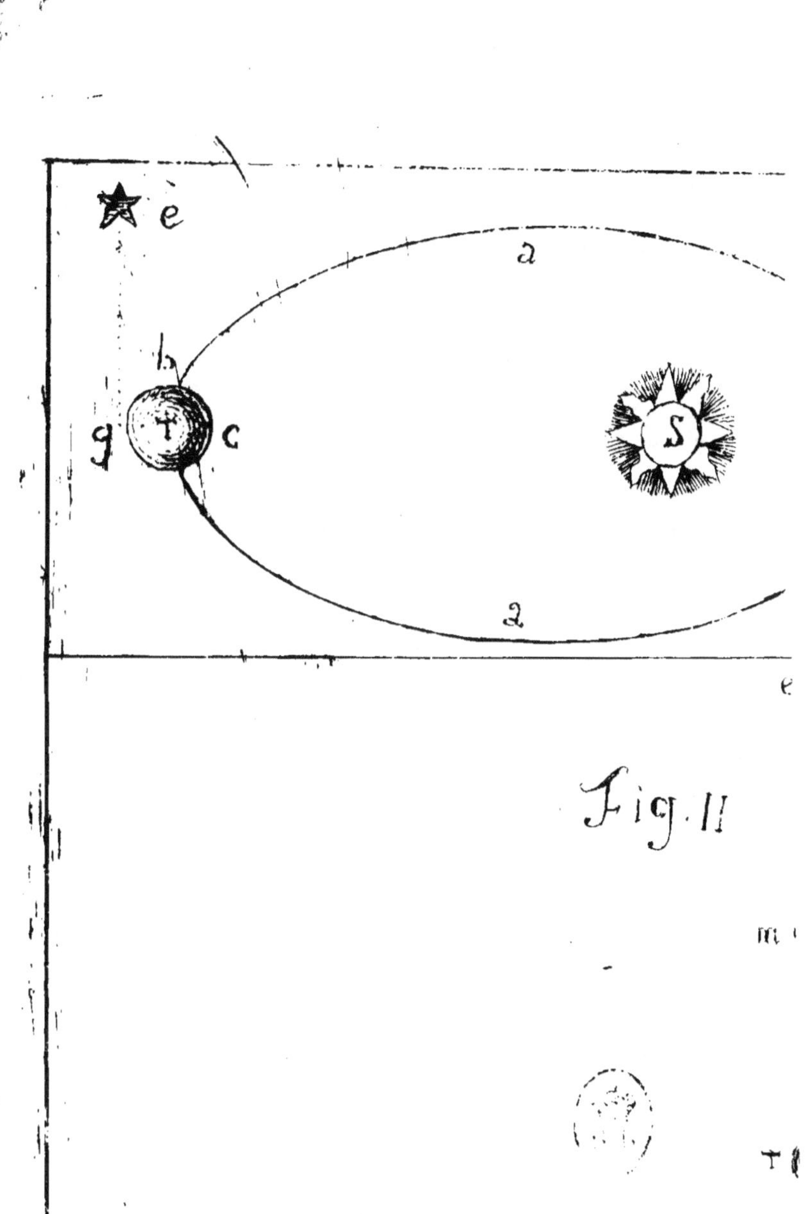

e
a
h
g t c
S
2
e
Fig. II
m

pl. III
Fig. I
e
a
b
g T c
S
d T f
2
e

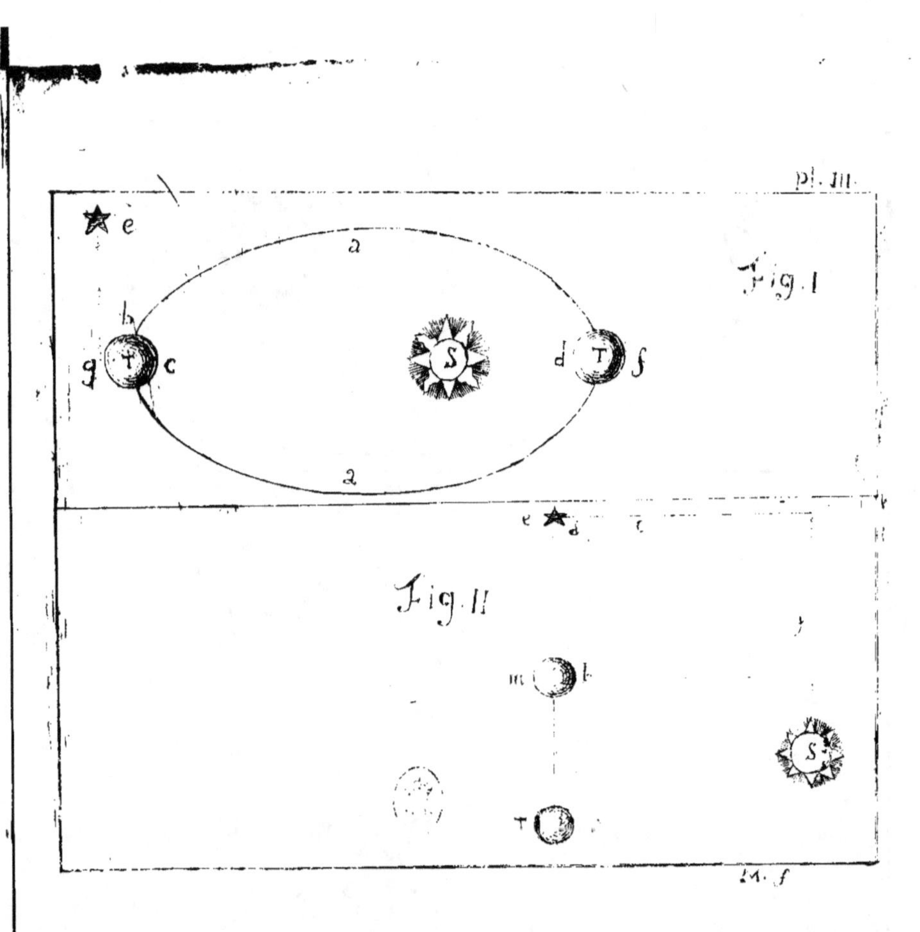
Fig. II
m b
T
S